PREPARACIÓN Y AYUDA PARA EL NUEVO CURSO   (7)

ÍNDICE DE LA SERIE

15 : FISIOLOGÍA: El cuerpo humano

7 :TEORÍA CUÁNTICA

Comprensión y explicación del átomo y la Tabla Periódica

La teoría cuántica. Luz y materia

La radiación de cuerpo negro

El efecto fotoeléctrico

La naturaleza eléctrica de la materia

El modelo atómico de Thompson

El modelo nuclear de Rutherford

La Teoría cuántica "salva" al átomo: el modelo de Bhor

El modelo de Bhor y el espectro del hidrógeno

La Teoría cuántica. Luz y Materia

La luz sale de la materia, bien sea de los cuerpos incandescentes, o reflejada por los cuerpos que son iluminados por cuerpos incandescentes. Como hemos visto, la materia tiene naturaleza eléctrica, y Maxwell descubrió que la luz consiste en ondas electromagnéticas (según la teoría de Maxwell, además de la luz visible, pueden existir radiaciones cuya longitud de onda está más allá del violeta, o por debajo del rojo, ultravioleta e infrarrojo). También son ondas electromagnéticas, con diferente longitud de onda, las ondas de radio y televisión, los rayos gamma, los rayos X, las microondas etc.

La radiación de cuerpo negro

Kirchhoff había descubierto que cuando diferentes cuerpos eran irradiados con radiación térmica, cada uno absorbía una fracción determinada de la radiación y emitía el resto; de modo que cada cuerpo tiene una capacidad diferente para absorber calor; sin embargo el cociente entre la radiación emitida por los diferentes cuerpos, y su capacidad de absorción, es siempre el mismo, de modo que no depende del material o de las características del cuerpo; debía existir por tanto una ley universal para la radiación térmica que aplicase a todos los cuerpos sin importar su naturaleza.

Encontrar la forma de esa ley universal se convirtió en uno de los principales objetivos de los físicos.

Un cuerpo que tuviese la máxima capacidad de absorción, retendría toda la radiación que recibiese, por lo que se le llamó "cuerpo negro"; sería el absorbente perfecto.

Si elevase su temperatura sería también el emisor ideal, puesto que un cuerpo cuando es calentado, emite las mismas frecuencias que recibe cuando no lo es.

Wien, a partir de consideraciones termodinámicas, indicó que la fórmula universal buscada debía ser una función del cociente entre frecuencia y temperatura.

Medir experimentalmente la radiación de cuerpo negro sería una guía y al mismo tiempo una confirmación de la ley teórica que se propusiese.

Pero hasta los cuerpos que parecen negros a nuestra vista, en general emiten en el infrarrojo en forma de calor. Sin embargo se podía usar una cavidad con un diminuto orificio; la radiación entraría en él y empezaría a viajar entre sus paredes internas, siendo despreciable la probabilidad de que volviese a salir por el orificio, de modo que éste se podría considerar un cuerpo negro; ocasionalmente la radiación podría salir por el orificio, perdiendo las paredes energía y enfriándose, pero recuperarían pronto el equilibrio térmico con la radiación que entrase; de modo que el orificio se comportaría como un cuerpo negro absorbiendo toda la energía que le llega y a su vez emitiendo toda la correspondiente al equilibrio térmico.

De esta forma se obtuvieron gráficas experimentales de la radiación de cuerpo negro. Estas presentaban un máximo en la región de frecuencias intermedias, mientras que tanto las frecuencias bajas como las altas contribuían poco a la intensidad de la radiación.

Wien propuso una fórmula que daba resultados que se ajustaban bien en el extremo de las frecuencias altas, pues su fórmula incluía un término de decrecimiento exponencial al aumentar la energía, y las frecuencias altas corresponden a energías altas de los osciladores que las generan. Pero para las frecuencias bajas las predicciones no coincidían con las observadas experimentalmente.

Max Planck, dedujo otra fórmula parecida; en aquel tiempo, Boltzmann y otros habían obtenido explicaciones de las leyes de la termodinámica basadas en la existencia de los átomos y moléculas, aplicando las leyes de la mecánica clásica a grandes cantidades de ellos, usando métodos estadísticos. La temperatura era considerada como resultante de la energía cinética de las partículas dentro de un recipiente. El choque incesante de las partículas contra las paredes del recipiente determinaba la presión, de modo que la temperatura era proporcional a la energía promedio de las partículas, y la constante de proporcionalidad "k" se denominaba "constante de Boltzmann".

En el equilibrio térmico, es decir, cuando todas las partículas, tras sus incesantes choques intercambiando velocidad, alcanzaban aproximadamente la misma energía, se aplicaba la ley de equipartición, asignando la misma energía y por tanto la misma velocidad a cada partícula.

Pero en aquel tiempo la teoría atómica era considerada como una hipótesis, y no se consideraba como algo totalmente probado; las leyes de la termodinámica eran consideradas por muchos físicos como leyes universales, no reducibles a otras, y por tanto no consideraban necesario que tuviesen que ser explicadas por la mecánica estadística.

Max Planck era consciente de la importancia de encontrar la ley universal de la radiación térmica hacia la que señalaba el descubrimiento de Kirchhoff, y además, aunque era tolerante con las interpretaciones estadísticas, consideraba también las leyes de la termodinámica y el electromagnetismo como leyes universales irreducibles.

Imaginó un modelo de cuerpo negro como una cavidad cuyas paredes contenían osciladores eléctricos que emitían en todas las frecuencias. Para encontrar la ley de radiación en el equilibrio térmico, se vio obligado a utilizar los métodos estadísticos, y también la ley de equipartición de la energía entre los diferentes osciladores.

Si suponía que la energía era absorbida y emitida de forma continua, tomando ésta cualquier valor, al ser infinito el rango de valores, las formas posibles de repartir la energía disponible entre los osciladores eran infinitas, y no había manera de hallar una solución.

De modo que se vio llevado a suponer que la energía de los osciladores no podía tomar cualquier valor, sino solo un valor determinado proporcional a su frecuencia; introdujo una constante de proporcionalidad entre energía y frecuencia, que fue llamada "h".

Los osciladores de frecuencia baja contribuirían poco a la intensidad de la radiación, aun cuando hubiese muchos, debido a que "h" tenía un valor muy pequeño; por otra parte los osciladores de alta frecuencia requerirían mucha energía, de modo que habría pocos, pues la energía disponible a repartir no podía ser ilimitada; el número de osciladores de frecuencias intermedias, en cambio, podía ser mucho mayor, y por tanto serían los que más contribuirían a la intensidad de la radiación, explicando así el máximo en la gráfica que se obtenía en los experimentos.

Aunque la "equipartición" funcionaba en la mecánica estadística, y se asignaba la misma cantidad de energía a cada partícula al alcanzar el equilibrio térmico, no ocurría lo mismo con la radiación; a cada frecuencia le correspondía una cantidad de energía distinta, pero siempre un múltiplo de la constante "h".

Los físicos ingleses Rayleigh y Jeans intentaron obtener la ley de radiación a partir del electromagnetismo clásico; la fórmula que obtuvieron concordaba bien con los valores experimentales en la zona de frecuencias bajas, pero para las frecuencias altas predecía una energía que crecía sin límite, lo que evidentemente no ocurría, de modo que se llamó a ese resultado "catástrofe ultravioleta".

Era la fórmula de Planck la que concordaba con los experimentos; todo esto señalaba hacia la necesidad de una revisión de algunos de los conceptos de la física clásica.

Para estar de acuerdo con los valores experimentales había que admitir que la energía no se emite con cualquier valor, sino solo con unos valores determinados que son todos múltiplos de la constante "h".

Pero ¿qué es "h"?. Despejémosla de la fórmula y veamos lo que obtenemos. La fórmula es E = h v. La frecuencia de un oscilador es el número de ciclos por unidad de tiempo; el periodo es el tiempo invertido en un ciclo completo. Supongamos una frecuencia de 2 vueltas o ciclos por segundo. Tiene que dar una vuelta en medio segundo. El periodo es por tanto ½ segundo por vuelta o ciclo. De modo que el periodo es el inverso de la frecuencia. Podemos por tanto escribir la fórmula de Planck así:

$$E = h \cdot 1/t, \text{ y despejando h, } E \cdot t = h$$

De modo que "h" tiene dimensiones de energía por tiempo; es lo que en mecánica denominamos acción.

El efecto fotoeléctrico

Se había descubierto que al incidir la luz sobre determinados metales, el impacto energético conseguía arrancar electrones del metal, haciéndolo conductor (ese es el fundamento de la célula fotoeléctrica, las placas de energía solar fotovoltaica, las placas fotosensibles de las cámaras de televisión y vídeo, etc.). Sin embargo al aumentar la intensidad de la luz, no aumentaba la energía de los electrones arrancados, pero al cambiar el color sí. El color depende de la frecuencia de la luz. En 1905, el mismo año en que sentó las bases de la relatividad especial, Einstein publicó otro artículo en el que explicó el efecto fotoeléctrico basándose en la fórmula $E = h v$. Según ella, la frecuencia "v" determina la energía de la luz incidente, y por lo tanto los electrones del metal adquieren más o menos energía dependiendo de la frecuencia (color), y no de la intensidad de la luz que se use. A cada valor determinado por la fórmula $E = h v$ se le puede considerar un "cuanto" de energía luminosa o "fotón". Al aumentar la intensidad, aumenta el número de "fotones", y cada fotón incide sobre un electrón. Por tanto, si aumenta la intensidad, aumenta el número de electrones arrancados, pero no su energía. La fórmula $E = h v$, que Max Planck introdujo para explicar la radiación de cuerpo negro, explicaba también el efecto fotoeléctrico, lo que indicaba que encerraba alguna verdad profunda sobre el mundo físico.

La naturaleza eléctrica de la materia

Los primeros estudios de los fenómenos eléctricos y magnéticos, de los que ya hablamos, demostraban claramente la naturaleza eléctrica de la materia. Al igual que la gravedad y la luz, las fuerzas eléctricas y magnéticas brotaban de la materia en determinadas circunstancias. Las propiedades eléctricas de la materia también arrojarían luz sobre su estructura, y así se podrían combinar los resultados que se obtuviesen al estudiar las propiedades eléctricas, con los de la teoría atómica.

Se descubrió, ya en tiempo de Faraday, que una corriente eléctrica podía separar los átomos componentes de las moléculas de una sustancia. Eso sugería que el enlace atómico era de naturaleza eléctrica. Este fenómeno se denomina "electrólisis". La pila de Volta ya indicaba que había relación entre fenómenos químicos y eléctricos, puesto que se generaba electricidad a partir de procesos químicos. Faraday experimentó con la electrólisis e hizo mediciones. Descubrió que para depositar en uno de los electrodos un mol de sustancia, se necesitaba siempre la misma cantidad de carga eléctrica, independientemente de la sustancia que fuera. Concretamente 96.500 culombios, en números redondos. Como ya vimos, en un mol de cualquier sustancia hay el mismo número de partículas, el Número de Avogadro. El número de Faraday (96.500 culombios), sugería que existe una cantidad elemental de electricidad, o carga eléctrica elemental. Si se supone que cada partícula transporta una unidad de carga, el número de Faraday debe ser igual al número de partículas depositadas en el electrodo (un mol), multiplicado por el valor de la carga elemental; o sea el número de Avogadro por la carga que transporta cada partícula:

96.500 culombios = Número de Avogadro x carga elemental

$$F = Na \cdot e$$

Bastaría conocer el número de Avogadro para conocer el valor de la carga eléctrica elemental, o a la inversa , sabiendo el valor de la carga elemental , determinar el número de Avogadro. (En la actualidad se conocen los dos números con bastante exactitud).

Esta explicación de la electrólisis sugiere que un átomo neutro (no ionizado, no cargado eléctricamente) contiene una cantidad de carga eléctrica positiva y la misma cantidad de carga eléctrica negativa, siendo esta carga, siempre un múltiplo entero de la carga elemental. El átomo podría no ser indivisible, sino componerse de partículas con carga positiva y partículas con carga negativa. (La palabra "átomo" viene del griego, y significa "sin partes", o sea indivisible; a pesar de que la idea ha cambiado, la palabra se sigue manteniendo).

El modelo atómico de Thompson

Thompson sugirió que el átomo podría consistir en una esfera de carga eléctrica positiva en la que se encontraban incrustadas partículas más pequeñas de carga eléctrica negativa, o electrones, como si se tratase de un pastel de pasas.

El modelo nuclear de Rutherford

La radiación emitida espontáneamente por los elementos radiactivos fue sometida a campos eléctricos o magnéticos y resultó consistir en tres tipos de rayos, llamados α, β, γ, las tres primeras letras del alfabeto griego. Las partículas alfa se desviaban como si tuvieran carga eléctrica positiva (eran núcleos de helio). Las partículas beta eran de carga negativa (electrones), y los rayos gamma no se desviaban (eran ondas electromagnéticas). Rutherford lanzó partículas α contra una lámina fina de oro, y descubrió para su sorpresa que la mayoría la atravesaban, y solo unas pocas eran desviadas o rebotaban. La mayor parte atravesaban la lámina y eran detectadas al otro lado, como si hubieran atravesado átomos con grandes espacios vacíos. Las que rebotaban o eran desviadas, debían ser las que daban en los lugares donde se concentraba la carga, o en sus proximidades. A partir de estos experimentos Rutherford propuso un modelo del átomo en el que la carga positiva estaba concentrada en un núcleo diminuto (cuyas dimensiones se pudieron estimar, y resultó ser muchísimo más pequeño que el tamaño del átomo), rodeado de los electrones girando alrededor. Se parecía a un Sistema Solar en miniatura. Sin embargo había una dificultad. Si se aplican las leyes clásicas del electromagnetismo, el electrón debería radiar al moverse en torno al núcleo, generando magnetismo al ser una carga en movimiento. Al hacerlo perdería energía (transmitiéndola al campo magnético generado), lo que haría que se acercase más al núcleo por la atracción eléctrica. Seguiría perdiendo energía, y finalmente, en un tiempo muy breve, se precipitaría contra el núcleo. El modelo de Rutherford explicaba la dispersión de partículas α, pero según la física clásica era inestable.

La Teoría cuántica "salva" al átomo: El modelo de Bhor

Niels Bohr pensó que la fórmula $E = h\nu$, que servía para explicar la radiación de cuerpo negro y también el efecto fotoeléctrico, podía ser la clave para evitar el colapso del átomo de Rutherford. La aplicación del electromagnetismo clásico no funcionó para explicar la radiación térmica de cuerpo negro, pues la fórmula de Rayleigh-Jeans predecía la llamada "catástrofe ultravioleta", que evidentemente no ocurre; la aplicación rigurosa del electromagnetismo clásico era también la que predecía el colapso del átomo de Rutherford; pero si la energía no puede tomar cualquier valor, el electrón en órbita no podría radiar de manera continua, como predecía el electromagnetismo. Probablemente esa limitación cuántica evitaría que se precipitase hacia el núcleo. El electrón no puede ir pasando por un rango continuo de valores de energía siguiendo una espiral continua hasta el núcleo. En lugar de esa espiral, Bohr conjeturó que habría ciertas órbitas "estables" en las cuales el electrón podría permanecer sin radiar energía en forma de magnetismo. Al recibir un fotón de energía $E = h\nu$, el electrón gana energía y pasa a una órbita superior. A la inversa, si el electrón emite un fotón, se deshace de una cantidad de energía de valor $E = h\nu$ y pasa a una órbita inferior. Al pasar de una órbita a otra el electrón realiza un "salto cuántico", de un estado energético a otro, No hay valores de energía intermedios puesto que la energía solo puede tomar los valores discontinuos permitidos por la fórmula cuántica. Por lo tanto en el modelo de Bohr no cabe pensar en el electrón recorriendo una trayectoria al ir de una órbita "estable" a otra. Más bien es como si el electrón desapareciese de una órbita y automáticamente apareciese en otra. Era un poco misterioso, pero en física ya estamos acostumbrados a eso. Como dijimos, la búsqueda de las leyes del Universo es como un viaje a territorio desconocido. Podemos llevarnos sorpresas y encontrar cosas que no nos parezcan "normales". Pero ¿por qué consideramos "normal" una cosa?; porque funciona según las normas a las que estamos acostumbrados. Pero al investigar en nuevos dominios las normas pueden ser otras. Si desde pequeños hubiésemos visto que las cosas "normalmente" aparecen o desaparecen, o desaparecen de un lugar y aparecen en otro, porque hubiésemos nacido en un mundo con esas propiedades, estaríamos acostumbrados a esas leyes o normas y no nos resultarían extrañas.. Según la teoría cuántica percibimos el mundo a saltos. En realidad no es tan difícil de entender . Cuando vamos a ver una película al cine, lo que vemos es una sucesión muy rápida de imágenes fijas que crean la "ilusión", o tal vez sería más correcto decir que generan en nosotros la percepción de movimiento continuo, sin interrupciones entre una imagen estática y otra. En realidad la pantalla permanece oscura tanto tiempo como el que permanece iluminada. Entre la aparición instantánea de un fotograma y la aparición instantánea del siguiente, hay un momento en que la pantalla está oscura. La proyección de una película es en realidad una proyección muy rápida de imágenes fijas; el proyector de cine, es como un proyector de diapositivas que pasa de una imagen a otra con mucha rapidez. Se solía decir que no percibimos los intervalos de oscuridad debido a la persistencia de la imagen en la retina, pero de acuerdo con la moderna neurociencia parece que son las regiones cerebrales encargadas del procesamiento de la información visual, las que, de alguna manera, "mantienen" la información contenida en cada fotograma estático, generando nuestra percepción de movimiento continuo y sin interrupciones. Según la teoría cuántica también percibimos la naturaleza a saltos, como una secuencia de percepciones discontinuas, igual que las películas. No nos damos cuenta del llamado "salto cuántico" debido al pequeñísimo valor de la constante h, que cuantiza la energía en valores discontinuos pero muy próximos entre sí (en otras interpretaciones de la teoría cuántica, posteriores a la original, se cuestiona si es apropiado hablar de "saltos cuánticos"; el "problema de la medida", lo que le ocurre a la "onda" cuando se hace una observación, si desaparece o no, y cómo debe interpretarse la mecánica cuántica, es todavía un asunto que se sigue investigando). Tal como entre un fotograma y otro de la película no hay nada sino oscuridad, según la teoría cuántica, en el mundo de nuestras percepciones no existen los valores intermedios de energía, ni los pasos intermedios que supuestamente debería recorrer el electrón al pasar de una órbita a otra. Esa supuesta trayectoria no existe, no se manifiesta. Las leyes de la naturaleza, según la teoría cuántica, son tales, que no permiten la aparición en el mundo físico, (el mundo que observamos, el mundo de nuestras percepciones) de ciertos valores de las variables que caracterizan el movimiento del electrón (u otra partícula). Por lo tanto podemos decir que en el mundo de nuestras percepciones (es decir, aquello que nosotros podemos observar o medir), esos valores no existen.

El concepto de trayectoria en teoría cuántica, aunque existe, tiene un significado diferente y más limitado que en la física clásica (aunque desde otro punto de vista quizá sería más correcto decir "más ampliado"). En realidad, según la física clásica también, cuando observamos y medimos la trayectoria de un móvil, lo que medimos es una sucesión de sus posiciones en intervalos de tiempo muy reducidos. Si no pudiésemos hacer las mediciones en intervalos de tiempo que consideramos "infinitesimales", la trayectoria también daría saltos: los valores de las posiciones sucesivas serían discontinuos. La física clásica supone que se pueden medir las posiciones en intervalos de tiempo infinitamente cortos, pero en la práctica no es así, aunque hay técnicas matemáticas que permiten, al menos en teoría, hacer cálculos sobre "trayectorias continuas" con el grado de aproximación y precisión que se quiera o se precise, el cálculo infinitesimal, que también es preciso utilizar en teoría cuántica, tal como es entendida hasta ahora.

No obstante la teoría cuántica parece ofrecer más perspicacia sobre el concepto de "movimiento". Nos conduce a un análisis cuidadoso de conceptos sobre la realidad que habíamos dado por sentado, tal como la relatividad nos dio más perspicacia sobre conceptos como "espacio", "tiempo", "masa" y "energía".

El modelo de Bohr y el espectro del hidrógeno

La luz que emite un material se puede descomponer por medio de un espectroscopio. Se hace pasar la luz por un prisma de vidrio, y se divide o fracciona. Por ejemplo la luz blanca se descompone en colores. Esto se debe a que, como ya vimos, cada color , al tener diferente longitud de onda, se desvía en un ángulo determinado al atravesar el prisma; cuando cada frente de onda entra por una cara del prisma formando un ángulo oblicuo con dicha cara, las diferentes partes de ese frente de onda van entrando en el material del prisma en tiempos ligeramente diferentes, y como la luz viaja a menor velocidad dentro del prisma, las partes del frente de onda que van entrando antes se van frenando primero que las que van entrando después; esto ocasiona el desvío. Cuando la luz sale por la otra cara del prisma, ya fraccionada o refractada, e ilumina o se proyecta sobre alguna superficie o pantalla, observamos lo que se llama un espectro de franjas de varios colores. Cada sustancia emite un espectro diferente, debido a que su constitución atómica o molecular es distinta a la de otras, y esto influye en los valores de sus frecuencias de emisión (así como en las de absorción), ya que tales frecuencias dependen de las distintas interacciones de la luz y otras radiaciones con las partículas que componen cada átomo o molécula (como vimos antes, las diversas frecuencias de las radiaciones entrantes y salientes que interaccionan con los electrones, determinan los valores de la energía absorbida y emitida de acuerdo con la fórmula cuántica, en la que el valor de la energía viene dado por la frecuencia multiplicada por la constante de Planck) . Esto resulta muy útil, por ejemplo para los químicos y los astrofísicos, puesto que se puede deducir la composición de un objeto (los átomos o moléculas que lo constituyen), analizando la luz que emite. Bohr aplicó su modelo del átomo al elemento más sencillo, el hidrógeno, puesto que solo contiene un electrón, y el modelo predijo correctamente las líneas o bandas observadas en el espectro. Cada línea corresponde a una frecuencia emitida por el átomo, al efectuar una transición de un estado energético a otro. Sin embargo, una observación más afinada del espectro del átomo de hidrógeno, reveló que cada línea se componía de varias líneas muy próximas entre sí. Eso indicaba más niveles de energía posibles para el electrón en el átomo. Aparecieron más líneas aún al someter al átomo a un campo magnético: Para explicar esas nuevas frecuencias se amplió el modelo original de Bohr. En primer lugar se supuso que podrían existir órbitas elípticas, y no solo circulares; en segundo lugar tal vez la órbita podría tomar diferentes orientaciones espaciales; además el electrón podría girar en torno a sí mismo en dos sentidos distintos. Así, se imaginaron más grados de libertad para el electrón, lo que redundaría en más posibles estados energéticos, y eso podría explicar las nuevas líneas observadas en el espectro; las órbitas elípticas, por ejemplo, implicarían que la distancia del electrón al núcleo variaría al recorrer la órbita (como en el caso de los planetas al girar en torno al Sol); para cada distancia la atracción eléctrica sería distinta, y por tanto cambiaría la velocidad y energía cinética del electrón; por otro lado, al ser una carga eléctrica en movimiento se puede considerar al electrón como un pequeño imán, pues una carga en movimiento genera magnetismo; al someterlo a un campo magnético, tanto la orientación espacial de la órbita con respecto al campo magnético, como su supuesto sentido de giro en torno a su supuesto "eje", influirían también en los valores de la energía de origen magnético debida a la interacción entre el campo magnético aplicado y el propio magnetismo generado por el electrón, ya que la fuerza magnética, al igual que otras fuerzas, es una magnitud vectorial, y por tanto su orientación (en este caso con respecto a la orientación del campo magnético aplicado) influye en el efecto que tendrá dicha fuerza, y por tanto en la energía que se obtendrá al aplicarla. De modo que se podía caracterizar el estado del electrón en el átomo por medio de cuatro números, llamados números cuánticos, que determinaban sus posibles grados de libertad, y por tanto sus estados energéticos.

Wolfgang Pauli propuso el llamado "principio de exclusión", según el cual, en un átomo no puede haber dos electrones con los mismos números cuánticos, o sea, en el mismo estado energético; de modo que en átomos con varios electrones, estos deben irse organizando y escalonando en los diferentes niveles energéticos permitidos. Esta resultó ser la explicación de la Tabla periódica. Los elementos con propiedades químicas parecidas tienen el mismo número de electrones en su última capa. Si el átomo de un elemento no tiene suficientes electrones para completar todos sus niveles energéticos permitidos, tenderá a captarlos de otros átomos, debido a la tendencia de todos los sistemas físicos a conseguir un estado de energía equilibrado y estable (por ejemplo, si aplicamos una fuerza para estirar una goma, está tendrá más energía debido a que está más tensa, pero si la soltamos su tendencia será la de deshacerse de esa energía adicional y volverá a su estado natural de menor energía). De modo que habrá átomos que se mantendrán unidos por medio de compartir electrones, formando así una molécula en la que cada átomo componente, usando un lenguaje metafórico, no se "sentirá tenso", por decirlo así (como en el ejemplo de la goma), al encontrarse la molécula en un estado estable natural de energía, estado en el que no se encontraban los átomos componentes antes de asociarse para formar la molécula. Eso explica el por qué del enlace químico, mediante el cual los átomos se unen o asocian para formar moléculas. Los elementos químicos con sus niveles completos, como los gases nobles o inertes, no son químicamente activos y no tienden a formar compuestos; se mantienen estables. Otros elementos son muy activos químicamente porque necesitan asociarse con otros átomos para completar sus niveles de energía permitidos. De hecho, los gases nobles ocupan una sola columna de la tabla periódica, pero la mayor parte de los elementos de ésta son activos químicamente, en mayor o menor grado. Eso permite la formación de una cantidad inmensa de moléculas distintas con diferentes propiedades, y da lugar a que haya mucha actividad química; y eso genera gran cantidad de procesos naturales de cambio, y los importantes procesos de la vida misma; la digestión , por citar un ejemplo, implica una cantidad considerable de reacciones químicas que proporciona a los seres vivos la energía que necesitan, y los materiales estructurales que regeneran sus organismos; toda la actividad celular es posible debido a reacciones químicas; de hecho se podría quizás decir que consiste en ellas, así como todo el funcionamiento coordinado de los diferentes órganos que componen a los seres vivos.

De modo que sin reacciones químicas no habría vida, tal como la conocemos, ni otros procesos naturales; sería como si todo estuviese "congelado".

La idea de De Broglie

Estaba ya muy claro que la fórmula $E = h\nu$ tenía que ser tomada en serio como una ley de la naturaleza. Cuando Einstein la utilizó para explicar el efecto fotoeléctrico, introdujo la noción de una especie de naturaleza dual de la luz; cada cuanto de energía transmitía su energía a un único electrón, que era considerado como una partícula puntual clásica, con una posición bien definida en el espacio; esto daba la idea de que cada cuanto de energía luminosa poseía en ese momento también una posición puntual bien definida, como si se tratase de una "partícula de luz" o "fotón"; pero al mismo tiempo, la fórmula contenía un término para la frecuencia, que es una propiedad característica de las ondas, de los procesos ondulatorios y oscilatorios; no se podía cambiar la fórmula eliminando ese término, pues precisamente la frecuencia (color) de la luz, era la que determinaba la energía que se transmitía al electrón, y concordaba con los resultados experimentales sobre el efecto fotoeléctrico; por supuesto se podía pensar que tanto el electrón como el fotón eran partículas puntuales que oscilaban, pero que en el momento de intercambiar energía coincidían en una determinada posición; de hecho la idea que se tenía entonces (puesto que no se conocía la estructura interna del átomo), era que, o bien el propio átomo, o "algo" en él, tenía que estar oscilando, dando origen a la luz y otras radiaciones que brotaban de la materia. Anteriormente había habido un debate histórico sobre si la luz consistía en "partículas" o en "ondas", pero para ese tiempo, se consideraba bien establecido que la luz consistía en ondas electromagnéticas; no solo se habían hecho experimentos en los que se cruzaban haces de luz y se producían fenómenos evidentes de interferencia, típicos de las ondas, sino que la teoría de Maxwell del electromagnetismo predecía claramente la generación de ondas electromagnéticas, cuya velocidad era justamente la velocidad de la luz. La explicación del efecto fotoeléctrico por medio de la fórmula $E = h\nu$, ahora parecía indicar que la luz mostraba un comportamiento dual, con características tanto de onda como de partícula.

Entonces Louis De Broglie propuso que, por razones de simetría, las mismas fórmulas tal vez podrían aplicar no solo a la luz, sino también a otras manifestaciones energéticas, como el electrón; de ser así, si la fórmula $E = h\nu$ se aplicaba, no solo a la radiación emitida y absorbida, sino también a la materia (en este caso, al electrón), habría que asociar una frecuencia al electrón. En ese caso, este podría también manifestar características ondulatorias, como la luz. De Broglie entonces realizó unos cálculos matemáticos sencillos, usando las dos fórmulas de la energía:

$$\text{“}E = h\, \nu\text{”} \;\; y \;\; \text{“}E = m\, c^2\text{”}$$

Si fuese cierto que estas dos fórmulas aplicaban igualmente tanto a la materia como a la radiación, y ambas podían manifestar características tanto de onda como de partícula, las dos expresiones se podrían igualar (de acuerdo con el principio de conservación de la energía), pues se las podía considerar dos maneras distintas de calcular el valor de la energía de todas las entidades que manifestasen tal dualidad "onda-partícula".

Igualando las dos expresiones de la energía obtenemos:

$$h\, \nu = m\, c^2$$

En el movimiento ondulatorio la longitud de onda nos indica el espacio recorrido por la onda en cada ciclo y el periodo es el tiempo invertido en completar un ciclo.

De esas dos magnitudes calculamos la velocidad de la onda:

$$\text{velocidad} = \text{espacio/tiempo} = \text{longitud de onda/periodo}$$

pero ya sabemos que el periodo es el inverso de la frecuencia:

$$v = 1/t$$

de modo que:

velocidad = longitud de onda / periodo = longitud de onda x frecuencia = λv

En la fórmula h v = m c², c es la velocidad, por tanto aplicando la relación entre velocidad de la onda, longitud de onda y frecuencia, tenemos que:

$$c = \lambda v \; y \; v = c / \lambda$$

de modo que:

$$E = h v = h (c / \lambda), \text{ por tanto } E = m c^2 = h (c / \lambda)$$

Despejamos de aquí la longitud de onda λ :

$$m c^2 = h (c / \lambda); \lambda m c^2 = h c; ; \lambda = h c / m c^2; \lambda = h / m c$$

Pero si tenemos una partícula cuya velocidad es v en vez de c (que es la velocidad de la luz), entonces la fórmula será:

$$\lambda = h / m v$$

Se podía así asociar al electrón una longitud de onda. Esta idea suministraba una posible explicación de las órbitas permitidas de Bohr. Según la idea de De Broglie, las órbitas cuya longitud no permita encajar un número entero de longitudes de onda, se anulan debido al conocido fenómeno de interferencia entre ondas:

(Ver figura):

Órbita permitida: un número entero de longitudes de onda encajan en la longitud 2 π r de la circunferencia de radio r.

Órbita no permitida: Las órbitas interfieren consigo mismas y se anulan por interferencia destructiva.

Se obtenía así una explicación de la cuantización del momento angular que había sido postulada por Bohr. Como vimos, en el modelo de Bohr, no todos los radios estaban permitidos, de modo que había que suponer que el momento angular, el producto mvr, estaba cuantizado en unidades enteras de h / 2 π.

Expresado en forma matemática el supuesto que Bohr tuvo que introducir era:

$$mvr = n \times (h / 2 \pi)$$

siendo n un número entero. Sin embargo no se comprendía por qué era así; Bohr se basó para obtener la fórmula concreta e incluir en ella el término 2 π, en datos experimentales obtenidos de los espectros.

La idea de De Broglie explicaba ahora la razón para el supuesto de Bohr: En la longitud de una circunferencia de radio r permitido, deben encajar un número entero de longitudes de onda. Por tanto tiene que cumplirse que:

$2 \pi r = n \lambda$, y como $\lambda = h / mv$, entonces $2 \pi r = n$ x (h / mv),

de donde $mvr = n (h / 2 \pi)$, que es el postulado de Bohr.

La nueva mecánica cuántica

A medida que hubo que ir añadiendo nuevas ideas al modelo original de Bohr, para ajustarse a los hechos experimentales, los físicos fueron pensando que tal vez lo que se necesitaba era una reformulación total de la mecánica. Después de todo, Bohr solo utilizó la fórmula $E = h \nu$, y la cuantización del momento angular. Pero en cierto modo, su modelo era una mezcla de esas ideas cuánticas con ideas de la mecánica clásica: Ya que la energía es una magnitud derivada, que se obtiene a partir de otras más fundamentales, como la longitud y la velocidad, tal vez modificando de la manera correcta las magnitudes fundamentales, de forma que al llegar a la energía se obtuviese la fórmula $E = h \nu$, se conseguiría comprender la razón oculta que hay tras la fórmula cuántica. Se necesitaba por lo tanto una nueva mecánica, una mecánica cuántica.

Las matrices de Heisenberg

Werner Heisenberg, era uno de los que trabajaban en dilucidar los problemas del modelo atómico de Bohr. Se convenció de la necesidad de construir una teoría que se basase solo en las magnitudes observables. Las órbitas estacionarias o estaciones en las que el electrón en el átomo no radiaba, no eran observables. En realidad lo único que observamos del átomo son las frecuencias e intensidades del espectro que emite. De modo que Heisenberg se propuso descubrir las reglas matemáticas que relacionasen las variables fundamentales que caracterizan el movimiento del electrón, su posición y su velocidad, con las frecuencias observadas. Obtuvo los valores experimentales de las frecuencias que eran emitidas o absorbidas cuando los átomos pasaban de un estado energético a otro y dispuso en forma de tabla tales valores para las transiciones entre estados; a partir de ahí, considerando el átomo como un simple oscilador, y después de mucho trabajo, dedujo a partir de las tablas de valores experimentales, las reglas matemáticas que había que utilizar para calcular todas las posibles transiciones.

Cuando finalmente los cálculos encajaron, se podían calcular las frecuencias observadas operando con esas tablas (por ejemplo, utilizando una tabla numérica o matriz para los posibles valores de la coordenada de posición, y lo mismo para otras variables, y operando entre ellas). Max Born y Pascual Jordan descubrieron a partir del trabajo de Heisenberg lo que se llamó "la relación mecano-cuántica fundamental":

$$p\,q - q\,p = h\,/\,2\pi\,i$$

donde p es la matriz (o tabla numérica) de momentos, que da las posibles velocidades del electrón (p = m v), q es la matriz de coordenadas, h es la constante de Planck, e i = $\sqrt{-1}$. El producto p q no es conmutativo, porque p y q no representan aquí números normales, sino tablas numéricas o matrices.

A partir de esa relación fundamental de coordenadas y momentos se llegaba a la fórmula correcta E = h v.

La formulación de Dirac, la mecánica matricial, y la mecánica ondulatoria.

En Inglaterra, Paul Dirac seguía con interés los avances en mecánica cuántica y desarrolló su propia formulación, una notación con una forma de álgebra semejante a la mecánica matricial o de matrices de Heisenberg. También en ella se obtenía como relación mecánico-cuántica fundamental, la fórmula:

$$p\,q - q\,p = h\,/\,2\,\pi\,i$$

El físico austriaco Erwin Schrödinger, por su parte, desarrolló la mecánica ondulatoria. Esta es una extensión de las ideas de De Broglie sobre las ondas de materia, o sea, las posibles órbitas ondulatorias del electrón. Recordamos que la condición de De Broglie era que solo un número limitado de órbitas eran posibles: aquellas que contuvieran un número entero de longitudes de onda. Schrödinger pensó que esto, a su vez, conduciría a los valores cuantizados de la energía para concordar con la fórmula de Planck. Con eso en mente dedujo la forma que debería tener la ecuación de onda que describe al electrón.

La fórmula de la energía cinética es: $E = \frac{1}{2} m v^2$. Si multiplicamos el numerador y el denominador por m, la fórmula puede escribirse así:

$$E = \tfrac{1}{2} m v^2 \cdot (m / m) = m^2 v^2 / 2\,m = p^2 / 2\,m$$

Es corriente en física llamar a la ecuación de la energía "Hamiltoniano", y denotarlo por H. De modo que podemos poner:

$$H = (p^2 / 2m) + V$$

donde "V" es la energía potencial.

En física clásica H y p, pueden tomar cualquier valor. En física cuántica no. Ahora hay que determinar cómo hay que modificar p para cumplir con la condición de De Broglie. Recordamos que

De Broglie estableció una relación entre longitud de onda, constante de Planck y momento lineal:

$$\lambda = h\,/\,m\,v = h\,/\,p,\; y\; p = h\,/\,\lambda$$

De modo que el momento lineal p solo podrá tomar los valores permitidos por la condición de De Broglie, y en consecuencia la energía también tomará solo determinados valores: Esto ya nos permite ir comprendiendo la razón para la cuantización de la energía. Se trata de lo que los físicos y matemáticos llaman una "condición de contorno o de frontera". En este caso se trata del hecho de que una onda confinada en una región limitada del espacio, no puede vibrar u oscilar en cualquier modo, sino solo en aquellos que permitan encajar un número entero de longitudes de onda en el espacio en el que la onda está confinada; como vimos, cualquier otro modo haría que la onda se anulase por interferencia destructiva; lo mismo ocurre, por ejemplo con las vibraciones posibles de, digamos una cuerda de violín, ya que la cuerda está confinada en una región del espacio, al estar unidos al violín sus dos extremos.

En el estudio del movimiento ondulatorio, se llama número de onda k al número de longitudes de onda que caben en la longitud $2\,\pi$ de una circunferencia, de modo que se tenga que:

$$k\,\lambda = 2\,\pi\; ;\; k = 2\,\pi\,/\,\lambda$$

Ahora relacionemos esto con la condición de De Broglie:

$\lambda = h / p$; como $k = 2\pi / \lambda$, podemos poner $k = (2\pi / 1) : (h / p) = 2\pi p / h$

y despejando de aquí el momento p tenemos:

$$k = 2\pi p / h; \quad h k / 2\pi = p$$

Abreviamos $h / 2\pi$, con el símbolo $\hbar$ (h, barra), y tenemos entonces que :

$$p = \hbar k$$

Ahora podemos usar esa expresión de p en la fórmula de la energía:

$$\hat{H} = (\hat{p} / 2 m) + V = (\hbar k^2 / 2m) + V$$

Se coloca un acento circunflejo sobre H y p, para indicar que hemos "cuantizado" la fórmula clásica para la energía , o sea el Hamiltoniano; es decir la hemos modificado en la medida necesaria para que se cumpla la condición de De Broglie, y se obtengan a partir de ella los valores de energía permitidos por la teoría cuántica. Para ello, como se puede ver, hemos impuesto la condición de que el momento lineal p obedezca la fórmula obtenida por De Broglie: $\lambda = h / p$; Se llama entonces a esas expresiones para la Energía y el Momento, operadores cuánticos; En teoría cuántica cada magnitud que se puede observar o medir se asocia con un "operador". Como veremos después toda medición altera la función de onda, pues interacciona con ella originando cambios que no se pueden evitar.: Así, por ejemplo, la medición de $\hat{p}$, opera sobre la función de onda y la altera. La medición implica aplicar el "operador momento" a la función de onda. Una vez que se conoce la forma que debe tener dicho operador en la teoría cuántica, se puede construir con él la ecuación de onda.

En física clásica, la amplitud de una onda ε (x), se relaciona con el número de onda k por la ecuación diferencial:

$$(d^2 \varepsilon / dx^2) + k^2 \varepsilon = 0$$

Como en la teoría cuántica "p = ℏ k", y por tanto "k = p / ℏ" la ecuación sería:

$$(d^2 \Psi / dx^2) + (\hat{p}^2 / \hbar^2) \Psi = 0$$

y como $\hat{p}^2 = 2 m (\hat{H} - V)$, sustituyendo obtenemos:

$$(d^2 \Psi / dx^2) + (2m / \hbar^2) \hat{H} \Psi = 0$$

que, pasando términos de un miembro a otro, se puede escribir en la forma:

$$\hat{H} \Psi = - (\hbar^2 / 2 m) (d^2 \Psi / dx^2) + V$$

Así obtuvo una ecuación de onda que daba los valores correctos para la energía del electrón.

Schrödinger consideraba el electrón como una onda estacionaria alrededor del núcleo atómico, solo a distancias determinadas para permitir ondas estables de De Broglie.

Sin embargo, si el electrón era una onda ¿cómo explicar que apareciese como un punto localizado en la pantalla detectora, como si se tratase de una partícula?. Ahora el electrón presentaba las mismas características paradójicas que la luz: Había que considerarla como una onda electromagnética para explicar los fenómenos de interferencia y sin embargo parecía tener características de partícula localizada (fotón) al explicar el efecto fotoeléctrico. Además se descubrió que el electrón daba lugar efectivamente a fenómenos de difracción, como si de una onda se tratase. ¿Cómo explicar esta dualidad onda-partícula en la luz y en la materia?.

El principio de indeterminación y las ondas de probabilidad

Las diferentes formulaciones de la mecánica cuántica arrojaban los mismos resultados correctos sobre los valores de la energía del átomo. Sin embargo, sus diferencias conceptuales eran patentes. Dirac demostró que la mecánica matricial y la mecánica ondulatoria eran matemáticamente equivalentes (Las soluciones que satisfacen la ecuación de onda de Schrödinger equivalen a los números tabulados en las matrices de Heisenberg). Como resultado de esto, es posible, como se suele hacer hoy, explicar la mecánica cuántica con resultados tomados de los dos esquemas.

Después de quedar establecida la mecánica cuántica, Heisenberg pensó en el significado físico que podría tener la relación mecano-cuántica fundamental:

$$p\,q - q\,p = h\,/\,2\pi\,i$$

Imaginó un experimento mental en el que se preparase un dispositivo para medir la posición , la coordenada del electrón. Para poder "ver" donde está habría que iluminarlo, pero entonces el impacto del fotón de luz alteraría su velocidad o momento. Si intentáramos entonces reducir lo más posible el efecto del impacto podríamos iluminarlo con un fotón menos energético, de frecuencia menor. Pero eso significaría luz de mayor longitud de onda, y la posición no quedaría muy bien determinada. En cambio conoceríamos mejor su momento, porque la velocidad no resultaría tan alterada. De modo que no podemos conocer "al mismo tiempo" el valor exacto de ambas variables, con una precisión arbitraria. La medición de una altera el valor de la otra. Por este motivo, el orden en que se efectúan las mediciones altera el valor del resultado, y p.q no puede ser igual a q.p. Sin embargo es fácil comprender que esto no es simplemente una limitación experimental, que pudiera ser resuelta de alguna manera, sino una auténtica norma de funcionamiento o ley de la naturaleza. Sería más exacto decir que el electrón (y por extensión cualquier partícula), no tiene al mismo tiempo posición y momento, son magnitudes observables que no existen al mismo tiempo, no se manifiestan en el mundo de nuestras experiencias. Es oportuno señalar, a este respecto, que el principio de indeterminación fue descubierto después de establecer las leyes de la mecánica cuántica, leyes de la naturaleza que se remontan a la explicación de la radiación de cuerpo negro, la posterior explicación del efecto fotoeléctrico, y todo lo demás que hemos visto.

Esta indeterminación inherente al comportamiento del mundo físico, impone, como es lógico, limitaciones a lo que podemos decir sobre él. Por ejemplo, ya no podemos decir con certeza: "el electrón está aquí y se mueve a esta velocidad". Solo podremos afirmar que existe cierta probabilidad de que el electrón impacte en un punto de la pantalla detectora. Solo cuando lo haga sabremos la posición del electrón. Habremos efectuado, por decirlo así, una medida que alterará su momento. Antes de eso la posición del electrón estará tan indeterminada que solo podremos decir que podríamos encontrarlo en una región extendida del espacio, como si de una onda se tratase.

Max Born propuso que la intensidad de la onda en cada punto nos indica cuanta probabilidad hay de encontrarlo allí. Donde la onda es más intensa hay más probabilidad de encontrarlo.

En la nueva teoría cuántica, el electrón deja de ser considerado como partícula o como onda. Más bien es como un conjunto de valores de ciertas variables que resultan de nuestras posibilidades de medición o percepción. El electrón ya no se considera como una pequeña esfera. Según los físicos, una "partícula elemental" no es una "cosa" en su sentido habitual. Es más bien un "conjunto de relaciones", una manifestación de energía que según la manera en que nos relacionemos con ella, al medir o percibir, puede presentar determinados valores de variables a las que llamamos "masa", "carga", "espín" (giro), etc.

Las fórmulas de la teoría cuántica determinan el "conjunto de relaciones" posibles que se pueden dar en el mundo físico.

Como en la nueva teoría cuántica el electrón no es considerado como una pequeña esfera, carece de sentido atribuir el desdoblamiento de sus niveles de energía, cuando se aplica un campo magnético, a un giro alrededor de un eje. No obstante se sigue manteniendo el nombre de espín (giro, en inglés) para esta propiedad del electrón, y para concordar con los hechos se incluye automáticamente como una variable más del electrón. Al conjunto de valores que pueden tener las variables que identifican al electrón se le denomina "función de onda", e incluye la función de onda de coordenadas y los posibles valores energéticos debidos al espín, formando un objeto matemático al que se denomina "espinor".

La mecánica cuántica se ha conseguido fusionar con la relatividad especial en lo que se conoce como "electrodinámica cuántica". En el espacio cuatridimensional de la relatividad son posibles más "giros" o "transformaciones" que en el tridimensional.

Esto da lugar a más niveles de energía; concretamente aparecen los valores que se necesitan para incluir el desdoblamiento de niveles de energía debido al espín del electrón. El "espín" del electrón aparece así automáticamente en la teoría cuántica relativista. Otra consecuencia de esa ampliación de la "geometría" es la predicción de la antipartícula del electrón (el positrón, o electrón positivo). Las antipartículas han sido detectadas posteriormente y forman la antimateria. Si se junta materia con antimateria ambas desaparecen y se convierten en energía pura (fotones).

Además esta descripción unificada de las interacciones entre electrones y fotones, teniendo en cuenta tanto la relatividad especial como la teoría cuántica, hace necesario un cambio de signo clave, que conduce a que los electrones cumplan el "principio de exclusión", que Pauli había introducido para explicar la Tabla periódica; en la fórmula relativista que relaciona la energía con el momento, la energía aparece elevada al cuadrado, de modo que al efectuar la raíz cuadrada da dos valores posibles, uno positivo y otro negativo; pero en la teoría cuántica hay que incluir en la "función de onda" todas las maneras en que puede ocurrir un proceso, de modo que se incluyen todas las permutaciones entre partículas, permitiendo la teoría , que al hacer los intercambios el signo cambie o permanezca igual; en el caso de partículas de espín semientero, como el electrón, hay cambio de signo y eso garantiza que la energía sea siempre positiva, y también que en la "función de onda" no pueda haber dos electrones con los mismos números cuánticos, o sea, en el mismo estado energético, cumpliéndose así el principio de exclusión.

De modo que aspectos como el espín y el principio de exclusión, que se introdujeron fundamentalmente para concordar con la evidencia experimental, de alguna manera parecen surgir como consecuencia de que las leyes relativistas y cuánticas deben ir juntas.

www.ingramcontent.com/pod-product-compliance
Lightning Source LLC
Chambersburg PA
CBHW030538220526
45463CB00007B/2894